图书在版编目(CIP)数据

爱能永恒 / 张松奎著绘. -- 上海 : 中国中福会出版社, 2018.7（2019.3 重印）
（中国原创图画书. 科学乐园）
ISBN 978-7-5072-2643-0

Ⅰ. ①爱… Ⅱ. ①张… Ⅲ. ①儿童故事－图画故事－中国－当代 Ⅳ. ① I287.8

中国版本图书馆 CIP 数据核字（2018）第 160576 号

爱能永恒

文·图 / 张松奎
出版人 / 余 岚
总策划 / 陈 苏　**执行主编**/魏 捷　**策划** / 范路明　**责任编辑** / 许东尧
美术编辑 / 韩 冬　**特约编辑** / 刘 森
出版发行 / 中国中福会出版社　**社址** / 上海市常熟路157号　**邮政编码** / 200031
电话 / 021-64748807　**传真** / 021-64370063
印制 / 上海晨熙印刷有限公司　**开本** / 889mm×1194mm　1/16　**印张** / 2.5
2018年7月第1版　2019年3月第3次印刷
ISBN 978-7-5072-2643-0/I·538　**定价** / 32.80元

爱能永恒

文·图/张松奎

中国中福会出版社

春姑娘的魔法杖轻轻点绿了大地，万物渐渐从沉睡中苏醒过来。

一片杜衡叶子的背面，赛姬正努力从卵壳里爬出来。

她是一只中华虎凤蝶的幼虫，刚刚出生，全身晶莹剔透。
“小伙伴们！快醒醒，快醒醒！春天到啦！”
幼虫们迷迷糊糊地醒了，陆陆续续从卵里爬出来。

　　好饿啊！他们闻到了食物的味道，他们所在的杜衡叶子在阳光的照耀下散发出清香。

　　“真好吃！”他们一会儿就把叶子啃掉一大块。

吃饱了，在杜衡叶子的正反面躲猫猫，在春风里闻花香，在受到惊吓的时候一起伸出臭角…… 他们一块长大。

庄生是这批卵中最先爬出来的，他告诉赛姬，到一定时候要把旧衣裳脱掉，身体才能长大。在幼虫期的一个多月里，他们要换 5 次衣裳呢。

很快，赛姬也要穿新衣裳啦。她扭来扭去，扭了好一阵子，才把旧衣裳脱下来。

脱掉旧衣裳，赛姬又长大了一点。

有一次，赛姬看到一朵金灿灿的蒲公英，真美啊！可再看看自己，颜色却越变越深，黑乎乎的。赛姬心里好羡慕，要是自己能长得和花儿一样美，该多好啊！

不过，庄生告诉赛姬："世间万物因爱而生，每个人都有自己独特的美好，说不定花儿也羡慕你呢。我们可以自由地爬来爬去，看不同的风景。来年羽化后，我们就可以飞起来了，我们是会飞的花朵！"

有一天，突然飞来一只大鸟，叼走了赛姬的同伴，一只正在找地方结蛹的幼虫。

在附近的赛姬看到这突如其来的灾难，吓得一动也不敢动。
那一天，赛姬和庄生都沉默着不说话，心里好难过……

庄生结蛹的日子终于到来了。他和大家一一道别。

赛姬问："蛹期有多久？"

"300 天左右。"庄生答道。

"蛹里会很黑吗？"

"不会。虽然我们说不了话，也无法看见，但我们的心灵依然可以感受到外界。"

赛姬似懂非懂地点点头。

庄生笑道："赛姬，不要担心，我们梦中相见吧。"

庄生来到选好的枝干上。

他吐出细细长长的白丝，在左右两侧来回粘贴，织出一根粗细合适的丝带，再从下面钻进去，把自己的身体牢牢固定住。

之后，他进行了最后一次蜕皮。他的肌肤渐渐变成浅赭色，2天后变成了深赭色。他成了一只与周围环境同色的蛹。

庄生结蛹后不久，大家也做好了结蛹的准备。

赛姬来到庄生结蛹的枝干上。清晨时分，赛姬感到体内涌起一股莫名的力量，她立即吐丝做圈，钻了进去。在第二天黑夜来临时，她脱下了最后一件衣裳，换上了坚硬的盔甲。

就这样，在这个春天快要结束的时候，中华虎凤蝶的幼虫们都纷纷结蛹入梦了。
恍惚中，赛姬好像听到有人在说：“看哪，天上有一轮长着蝶翼的圆月亮……”

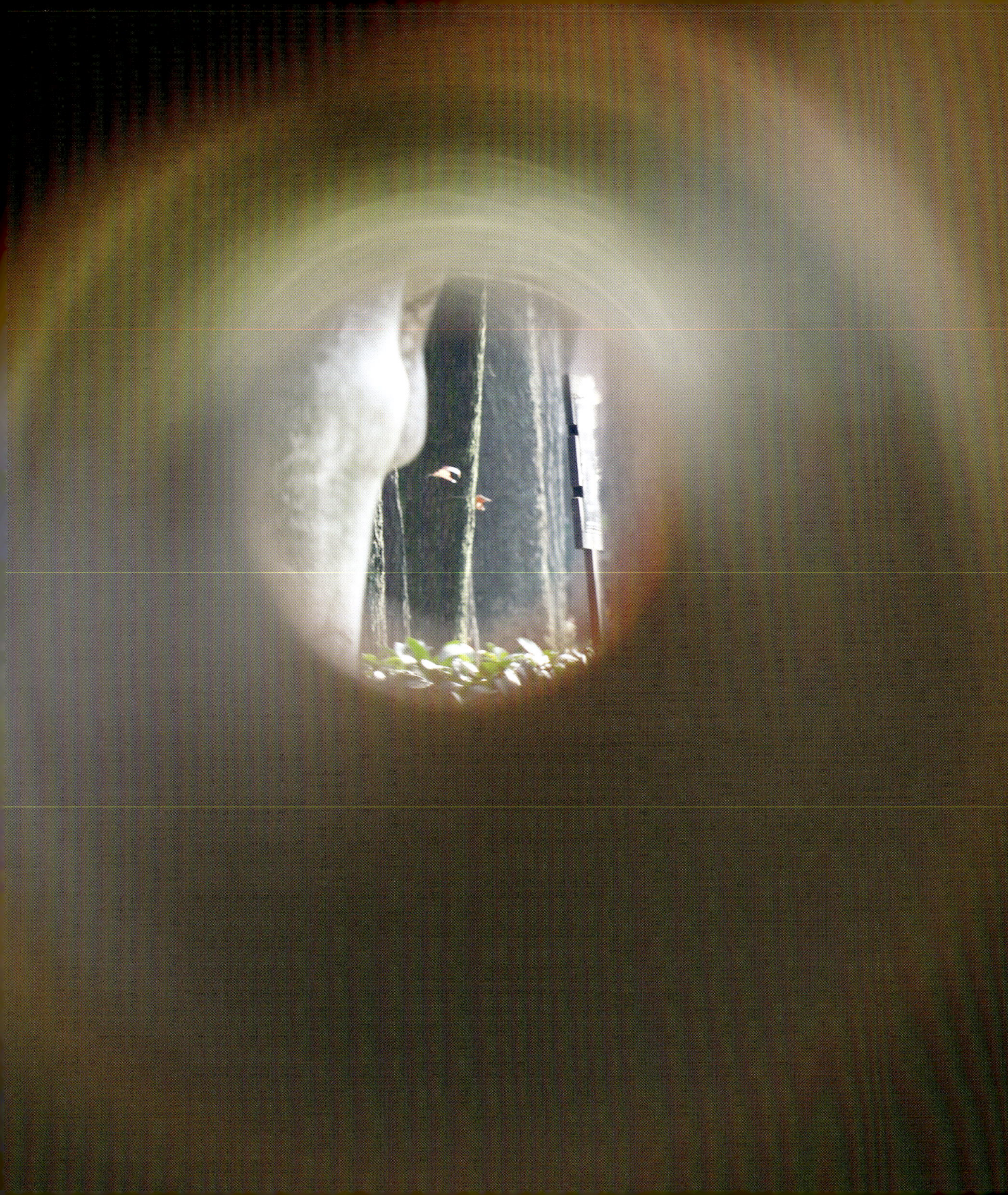

睡梦中，赛姬觉得体内好像被什么力量拉扯着，蔓延着无尽的疼痛，她好几次痛晕了过去。这是体内脏腑和骨骼正在进行剧变吗？

从毛毛虫变成蝴蝶，要体验怎样非同寻常的经历啊！赛姬感到难受极了。庄生，庄生！你怎么样了？

半梦半醒之间，赛姬好像听到有小孩子的声音：“下雪啦！快来堆雪人！”

啊！冬天来了，春天就不远了。

天际忽然传来雷声，轰隆隆！轰隆隆！

赛姬一下子被惊醒了。她想扭动身体，放松一下，可是她发现蛹壳里空间好小，无法动弹。

她试着慢慢增加扭动身体的力度，用脚踢打蛹壳，一下，两下，三下……

不一会儿，蛹壳裂开了一道缝，赛姬继续努力，用力让裂口越开越大……

终于，赛姬慢慢从蛹壳里爬了出来。
这是一个春天的“惊蛰”夜晚。
赛姬大口大口呼吸着久违的新鲜空气。

赛姬惊奇地发现，自己的身体发生了翻天覆地的变化！
她不再是黑乎乎的虫子，她有了一身漂亮的花衣裳……

当太阳升起来的时候，赛姬的翅膀已经完全张开了，黑色翅膀上的黄色虎纹在阳光的照耀下美极了。

赛姬试着微微地扇扇翅膀，暖暖的春风轻轻托起她的身体。
“呀！我飞起来啦！”在空中，赛姬看到了完全不同的世界。

赛姬正准备停在一朵树莓花上吸吮花蜜，却发现左前方的花丛中，另一只中华虎凤蝶正在阳光中翩翩飞舞。他的身体更加健壮，翅膀上的黄色虎纹更加鲜艳夺目，真像一朵会飞的花呀！

是庄生！他比赛姬早羽化 2 天，正等着赛姬呢。
庄生也发现了赛姬。
他们一起享受阳光，一起欣赏晚霞，一起吸吮花蜜。
“这世界真美啊！”赛姬说。

他们相爱了。沐浴着爱的光辉，他们缠缠绵绵地飞舞，好似在空中演绎着华尔兹。

不久，赛姬要做妈妈啦。庄生和赛姬找到了一片茂盛的杜衡地。赛姬轻轻把卵产在杜衡叶子的背面。

产后的赛姬很虚弱，庄生也觉得力气不够用了。他们老了吗？

赛姬担心地问："我们会死吗？"

"会的。不过不要怕，有我呢，我们永远在一起。"庄生温柔地说，"听说，我们都是爱的天使，从爱的光明中来，还会回到爱的光明中去。"

赛姬和庄生感觉到飞行时翅膀变得越来越沉重，好想找一片松软的草丛歇一歇呀。

“我们还会回来吗？”

“会的，只要我们想回来，就可以化为不同的形式回来，继续爱这个世界。也许化为清风吹拂山野，也许化为山川守候大地。因为爱永远都在。”

渐渐地，庄生一动不动了。赛姬紧紧靠着他，感觉自己的力量也在一点点被抽离。

恍惚中，赛姬仿佛看到了一道放射着七彩之光的瀑布，从蝶形的云端倾泻而下。她仿佛看见庄生和自己闪亮通透的灵魂正在光瀑里飞舞着，溯流而上，渐渐被爱的光明贯穿，融化……

那一定就是永恒之爱的源头吧。

耳畔似乎有庄生在轻轻低语：“亲爱的，我们一定还会回来的，下一次我们化为阳光，照耀这世界。”